COMPTES

ET

ÉCRITURES DE COMMERCE

COMPRENANT

LES TROIS SYSTÈMES FONDAMENTAUX

SUCCINCTEMENT ET CLAIREMENT DÉMONTRÉS

EN UNE SEULE LEÇON

THÉORICOPRATIQUE ET SYNTHÉTIQUE

INTELLIGIBLE AUTANT QU'**INFAILLIBLE** ET D'UNE APPLICATION IMMÉDIATE

SUIVIS D'UN NOUVEAU RÉGULATEUR

OU MOYEN EFFICACE D'ACCÉLÉRER LES REPORTS, D'ASSURER LES BALANCES

ET D'ÉPARGNER LE POINTAGE

Par P.-A. BOCHET (de l'Eure)

Auteur du *Guide du Comptable*, etc., etc.

« L'ordre dans la Comptabilité est la sauvegarde de
de la fortune et de l'honneur du Commerçant. »

———

PARIS

A LA LIBRAIRIE INDUSTRIELLE DE EUGÈNE LACROIX

54, RUE DES SAINTS-PÈRES, 54

TROYES

A LA LIBRAIRIE DUFEY-ROBERT	ET CHEZ Jh BRUNARD, ÉDITEUR
rue Notre-Dame, 83	rue Urbain IV, 85

—

1871

COMPTES ET ÉCRITURES

DE COMMERCE

Le Guide du Comptable est un ouvrage complet, le seul qui réalise un progrès en cette matière ; il s'appuie sur les trois systèmes fondamentaux ; il contient les trois Comptabilités : Commerciale, Agricole et des Revenus fonciers ; la Méthode anglaise de Jones ; la théorie des Comptes de Banque et Marchandises en participation ; onze modèles divers du Journal, dont trois à *résultats anticipés ;* plusieurs nouveaux Contrôles ; Journaux et Contrôles qui ne pourraient être reproduits sans plagiat ; des tableaux des monnaies, poids et mesures de toutes les places commerçantes et des intérêts à tous les taux ; enfin d'importantes observations sur les affaires de Bourse, le change, les emprunts, les placements, les propriétés, les annuités, etc., etc.

Un volume in-8° jésus ; prix : 5 fr. — A Paris, chez Eugène Lacroix.

COMPTES

ET

ÉCRITURES DE COMMERCE

COMPRENANT

LES TROIS SYSTÈMES FONDAMENTAUX

SUCCINCTEMENT ET CLAIREMENT DÉMONTRÉS

EN UNE SEULE LEÇON

THÉORICOPRATIQUE ET SYNTHÉTIQUE

INTELLIGIBLE AUTANT QU'**INFAILLIBLE** ET D'UNE APPLICATION IMMÉDIATE

SUIVIS D'UN NOUVEAU RÉGULATEUR

OU MOYEN EFFICACE D'ACCÉLÉRER LES REPORTS, D'ASSURER LES BALANCES

ET D'ÉPARGNER LE POINTAGE

Par P.-A. BOCHET (de l'Eure)

Auteur du *Guide du Comptable*, etc., etc.

« L'ordre dans la Comptabilité est la sauvegarde de
de la fortune et de l'honneur du Commerçant. »

PARIS

A LA LIBRAIRIE INDUSTRIELLE DE EUGÈNE LACROIX
54, RUE DES SAINTS-PÈRES, 54

TROYES

A LA LIBRAIRIE DUFEY-ROBERT | ET CHEZ J⁰ BRUNARD, ÉDITEUR
rue Notre-Dame, 83 | rue Urbain IV, 85

1871

AVANT-PROPOS

La science donne en peu de temps l'expérience des siècles.

Avant et depuis que nous avons publié notre dernier ouvrage, le *Guide du Comptable,* il nous est passé par les mains une infinité de Traités brevetés, médaillés ou autres qui nous permettent d'affirmer que ce n'est pas sans raison qu'on leur reproche la prolixité. Loin de suivre leurs errements, nous les avons toujours combattus.

Une science qui repose sur un principe unique n'exige point cette exubérance de digressions, ni cette exubérance d'exemples ; c'est la quatrième fois que nous entreprenons de le prouver, en renfermant dans ce peu de pages ce que l'on peut dire d'utile sur le but et les moyens de la Comptabilité (1), sur son origine et ses progrès, sur la théorie et la pratique, sur l'Entrée et la Sortie des Valeurs, sur le Commerce et les Commerçants, sur les Achats et les Ventes, sur les Débits et les Crédits, sur les Comptes spéciaux tant permanents qu'essentiels et accidentels et sur les Comptes personnels temporaires et amortissables, sur leur division et subdivision, sur leur report simple et complexe, sur les divers systèmes de l'ordre consécutif et cumulatif et de l'ordre distributif, sur la Partie Double et la Partie Simple, sur les Excédants et sur la Balance, sur les Contrôles et les Inventaires, sur l'Actif, le Passif et le Déficit, sur les Erreurs et les Redressements, enfin, ce qui n'est pas le moins important et

---

(1) Selon l'opinion de Dupuy, le célèbre fondateur de l'École de Commerce de Lyon, il faut initier d'abord les élèves aux lois et usages du Commerce, leur faire bien comprendre le but vers lequel ils tendent, autrement la Tenue des Livres n'a aucun attrait pour eux, c'est une langue nouvelle qu'ils n'entendent pas plus que l'hébreu.

dont les autres ne parlent point, sur ce que l'on doit faire et ce que l'on doit éviter pour mener à bonne fin une entreprise commerciale et industrielle.

Les élèves ne doivent être guidés que par des principes généraux et non par des explications propres à chaque cas particulier.

La capacité s'acquiert surtout par la pratique, et c'est mal étudier que vouloir tout embrasser à la fois : qui trop embrasse mal étreint. Notre Journal-Partiteur, sans l'étude préalable des théories et par sa seule disposition, permet l'application immédiate, plus qu'aucun autre ; c'est un travail tout matériel que peut exécuter quiconque sait écrire et compter ; c'est enfin la véritable clef de la Tenue des Livres, et l'on peut passer de là sans aucune difficulté à toute autre méthode connue.

A force de chercher l'économie du temps nous avons enfin trouvé un moyen efficace d'accélérer les Reports, d'assurer les Balances et d'épargner le Pointage, nous en faisons un Appendice à notre leçon et nous espérons qu'il sera apprécié des Comptables.

Lisez et profitez, et devenez de dignes et probes Commerçants.

AVERTISSEMENT PRÉLIMINAIRE

Avant de passer aux définitions qui suivent on devra d'abord se bien pénétrer du *mécanisme* des Écritures et voir comment du Mémorial n° II la même somme de 425,000 fr. se trouve répartie dans les huit colonnes de Débit et particulièrement dans celles du Crédit du Journal-Partiteur n° I, et comment elles passent enfin de ce Journal dans le Grand-Livre n° III pour s'y reproduire encore tant au Débit qu'au Crédit. (Voyez l'*Application.*)

Le moyen le plus efficace serait de préparer un tableau semblable et d'y apposer soi-même les chiffres voulus.

SIGNES EMPLOYÉS DANS LES CALCULS

D'addition .... $4 + 8$

De soustraction .... $12 - 4$

De multiplication .... 20×5

De division..................... $\dfrac{100}{4}$

D'égalité....................... $4 + 8 = 16 - 4$

Proportion arithmétique...... $3 . 7 : 8 . 12$ ou $3 + 12 = 7 + 8 = 15$

Proportion géométrique ...... $3 : 15 :: 7 : 35$ ou $15 \times 7 = 3 \times 35 = 105$

$$3 : 15 :: 7 : x = \frac{15 \times 7}{3} = 35$$

COMPTES ET ÉCRITURES DE COMMERCE

Les richesses viennent de l'ordre plus que de la recette.

DE LA COMPTABILITÉ

Les Comptes et Écritures de Commerce, la Tenue des Livres et la Comptabilité ne sont autres que la manière régulière de rendre compte à soi-même ou à autrui des résultats périodiques, Actifs ou Passifs d'une entreprise commerciale ou industrielle, et des Valeurs mobilières ou immobilières qui peuvent en dépendre. Tel en est le but, nous allons voir quels en sont les moyens.

Supposez donc que l'on vous confie un Capital de 50,000 fr., plus ou moins, pendant un temps déterminé à faire valoir avec zèle et au mieux des intérêts du Capitaliste par Échanges de toute nature, qui nécessiteront des Achats et des Ventes, des Paiements et des Recettes tant en espèces sonnantes qu'en lettres de change (1) ou autres billets de crédit, il faudra bien à l'époque convenue rendre compte, sinon en détail, au moins sommairement, par les États d'Entrée et de Sortie de chaque espèce de Valeur et par un Inventaire justificatif, de la diminution ou de l'augmentation de ce Capital ; car vous ne pourriez dire sèchement à votre bailleur de fonds : voilà votre Capital plus 6,000 fr. qui vous reviennent du Profit des Ventes.

Tels sont les moyens et telle est, quoique souvent trop négligée, la véri-

(1) L'on ne doit jamais accepter que sur un seul exemplaire, 1er, 2e ou 3e, et ne payer la lettre de change qu'en retirant l'exemplaire accepté.

table base de la Comptabilité, sans laquelle il est impossible de rendre, ni à soi-même ni à autrui, un compte exact et satisfaisant d'une gestion quelconque.

De plus, comme les affaires ne sont pas toutes immédiatement réglées, ni liquidées, il reste encore à rendre compte des Crédits ou Paiements différés, tant Actifs que Passifs représentés sur les registres par la masse des Créditeurs et par celle des Débiteurs. Ces Comptes, bien que temporaires et amortissables, tant qu'ils durent, se multiplient et se renouvellent, n'en deviennent pas moins la partie principale et la plus laborieuse de la Comptabilité.

DE LA THÉORIE (x)

La théorie, fondée sur un système continu d'équations jamais interrompu, est irrévocablement fixée depuis plus de cinq siècles ; elle se prête admirablement à tous les besoins, à toutes les exigences de la pratique, et elle aboutit à un résultat final qui détermine immanquablement le Gain ou la Perte qu'ont produit les Ventes et les Affaires en général. Dans les sciences exactes la théorie n'est qu'une pratique raisonnée et perfectionnée. Point de Débiteur sans un égal Créditeur, de cet axiome ou de cette règle unique il résulte : 1° que la somme totale des Débits est toujours égale à celle des Crédits ; 2° que les Excédants des Comptes Débiteurs sont égaux aux Excédants des Comptes Créditeurs ; 3° que l'Actif est égal au Passif ; 4° enfin que si l'on partage chaque membre d'une équation en deux parties, quoique inégales, les Excédants réciproques de ces nouveaux termes seront égaux, et c'est sur cette dernière règle qu'est établi notre Journal-Rationnel (1). Il n'est pas nécessaire de trop s'appesantir sur ces théories ; on les rencontre pour ainsi dire à chaque pas dans la pratique où elles servent de guide ; c'est à celle-là que vous devez toute votre application. Si la théorie est invariable, les moyens de la pratique au contraire varient presque à l'infini et d'un négoce à l'autre.

De 55 à 25 différence 50
De 45 à 75 différence 50
100 100

DU COMMERCE ET DES COMMERÇANTS

Le Commerce s'étend à toutes les productions de la nature, de l'industrie et des arts ; il est redevable à la lettre de change de la plus grande partie de

(1) *Guide du Comptable*, ouvrage qui justifie son titre par les renseignements techniques et commercia ux qu'il renferme.

ses progrès et des immenses développements qu'il a acquis depuis plusieurs siècles. Le Commerce a ses péripéties, c'est une mer qui a son flux et son reflux, son calme et ses orages, les plus habiles nautonniers y font naufrage : heureux celui qui tient le timon sans vertige. Quelque multipliées que soient les opérations du Commerçant, elles ne sont que de deux sortes : les Échanges immédiats appelés Affaires *au Comptant* et les Affaires à terme ou *à Crédit*.

Aucune affaire de Commerce ne peut avoir lieu sans le concours de deux personnes dont l'une reçoive et l'autre fournisse un objet quelconque et d'une valeur déterminée. Les Écritures constatent implicitement ou explicitement la position relative des deux parties contractantes : la partie *Prenante* et la partie *Donnante*.

L'Acheteur à terme tant qu'il *Doit* est Débiteur, mais il est Crédité de tout ce qu'il paie ; le Vendeur à terme tant qu'il doit *Avoir* est Créditeur, mais il est Débité à mesure de ce qu'on lui paie.

Le Commerçant, dans ses opérations, agit tour à tour tantôt comme Débiteur et tantôt comme Créditeur.

DES DIVERS SYSTÈMES D'ÉCRITURES

La mémoire du Commerçant ne pouvant suffire aux incessantes mutations de Débit et de Crédit, il fut impérieusement contraint, même par la loi, de tenir régulièrement des Registres ; à cet effet il se servit d'abord d'un seul, puis de plusieurs Registres et de plusieurs systèmes d'Écritures : les uns de l'ordre consécutif ou chronologique, les autres de l'ordre distributif ; nous les partageons en trois systèmes fondamentaux qui, quoique par des voies différentes, atteignent le but désiré : 1° le système des Livres spéciaux, qui est le plus ancien ; 2° celui des Comptes spéciaux, qui en dérive ; 3° celui des Colonnes spéciales, qui est le plus moderne, est applicable à tous comme à un seul registre ; ils se combinent l'un dans l'autre ou s'excluent au gré de chaque Commerçant.

Les premiers essais du Commerçant ont dû être dans l'ordre consécutif et cumulatif du Mémorial, lequel était accompagné d'un Répertoire alphabétique où se trouvaient à leur initiale respective le nom de chaque Débiteur ou celui de chaque Créditeur suivi du numéro de la page où gisait chaque article qui le concernait. Bientôt il sentit la nécessité de concentrer l'Entrée et la Sortie de chaque Valeur dans des Livres spéciaux qu'on nomme aujourd'hui *auxiliaires* du Journal ; il établit donc 1° un Livre des Achats ou d'Entrée des Marchandises, 2° un Livre des Ventes ou de Sortie des Marchandises, 3° un Livre de Caisse ou d'Entrée et Sortie de l'argent monnayé, 4° un Livre du Portefeuille ou d'Entrée et Sortie des lettres et billets de change à recevoir,

5° un Livre des Engagements ou de Sortie et Rentrée des Effets à payer, 6° un Livre des Charges et Produits ou de la diminution et augmentation du Capital. Plusieurs de ces livres peuvent être réunis en un seul registre à sections et avoir chacun pour subdivision des colonnes spéciales. Le Capital peut tout aussi bien être mis au nombre des Comptes personnels : *Bonaventure son Compte capital* ou principal, et servir seul de contrepartie tant aux Débits qu'aux Crédits.

Les Livres auxiliaires reçoivent généralement tous les détails qui encombreraient le Journal ; c'est pourquoi, quel que soit le système que l'on suive, l'usage de ces Livres est pour ainsi dire indispensable, ce fut là le premier pas dans l'ordre distributif ; mais le Commerçant s'apercevant que le mécanisme et la multiplicité (1) de ces registres incommodes aux recherches entraînait une perte de temps préjudiciable toutes les fois qu'il s'agissait de relever un Compte-courant Débiteur ou de reconnaître un Compte-courant Créditeur, il prépara d'avance et sur un seul registre ses États de Débit et de Crédit auxquels plus tard, sans doute, il adjoignit les États d'Entrée et de Sortie des Valeurs

Ce registre, tout entier de l'ordre distributif, est appelé Grand-Livre, parce qu'il est d'un format plus grand et plus volumineux que les autres, et c'est ce système qui a pris vulgairement le nom d'Écriture à *partie double* à cause du report qui se fait simultanément, d'une part au Débit du Compte personnel ou spécial qui a reçu une Valeur quelconque, et d'autre part au Crédit du Compte personnel ou spécial qui a fourni la Valeur équivalente. Ce système, tout parfait qu'il est en théorie et en pratique, ne satisfait pas à toutes les garanties que réclament la loi, la société, les tiers et le Commerçant lui-même. On y peut changer instantanément sa position financière vis-à-vis de ses Créanciers et même sans le vouloir vis-à-vis de ses Débiteurs. Le Code, sans en proscrire l'usage, a imposé pour registre authentique le Journal à tenir dans l'ordre consécutif, le Mémorial souvent n'en est que le brouillon ; du reste il ne prescrit ni ne proscrit aucune méthode, aucun système.

DU JOURNAL (1)

Le Journal est le seul registre qui ait beaucoup varié dans sa forme ; nous en avons présenté plus d'une dizaine toutes différentes dans notre *Guide du Comptable*. Pour être tenu conformément à la loi il n'a besoin que de constater les opérations à mesure qu'elles ont lieu, par Débit ou par Crédit : la date, les conditions de paiement, d'expédition, les détails des valeurs fournies ou reçues,

(1) La multiplicité des registres est un épouvantail pour le Commerçant et ce n'est pourtant qu'à l'aide de subdivisions qu'on peut surveiller le mouvement des rouages si nombreux et si variés d'une entreprise industrielle.

à moins qu'ils ne soient déjà contenus dans les livres auxiliaires. Quelques-uns le divisent en trois parties : Journal d'Achats, Journal de Ventes, Journal de Règlements de Comptes. Notre Journal-Partiteur publié à Venise en 1832, puis à Paris en 1863, par ses Colonnes spéciales distributives et cumulatives épargne toute autre subdivision (1), chaque Valeur reçue est placée sous la rubrique qui lui est destinée du côté des Débits, et chaque Valeur fournie sous la rubrique qui lui est réservée du côté des Crédits. Il y a en outre trois colonnes destinées aux Fournisseurs, aux Acheteurs et aux Banquiers tant au Débit qu'au Crédit ; l'on y en peut joindre une ou plusieurs autres pour les Comptes accidentels. Il dispense d'ouvrir les Comptes spéciaux au Grand-Livre. Tout Journal devrait avoir au moins quatre colonnes pour séparer les Débits et Crédits des Comptes personnels et ceux des Comptes spéciaux.

Tous les registres doivent être tenus par ordre de dates, et le Journal spécialement : sans blancs, ni lacunes, ni transports en marge. En outre la loi ordonne la Copie des lettres missives et un livre des Inventaires annuels ; tous doivent être conservés pendant dix ans. Aucun registre ne peut dispenser de ceux que la loi ordonne.

Chaque ligne du Journal-Partiteur doit être lue en y comprenant le titre de chaque colonne Débitée ou Créditée ; c'est ainsi qu'on peut établir sans fatigue d'esprit le Journal à partie double ordinaire, mais au lieu de disposer les sommes sur une ligne horizontale, disposez-les en colonne verticale. Sous ce rapport et d'autres le Journal-Partiteur est la vraie clef de la Tenue des Livres. Le Journal Grand-Livre ne peut lui être comparé ni pour la clarté, ni pour l'intelligibilité ; celui-ci exige la connaissance préalable de la théorie, celui-là, sans le connaître, la pratique la lui enseigne.

La loi ne peut exiger que le Marchand qui tient un menu détail inscrive article par article, dans son Journal, les Marchandises dont il reçoit le montant, il suffit donc qu'il l'énonce en bloc à la fin de la journée.

En partie double l'on écrit : Magasin... à Lambert, Bertrand... à Magasin, laissant le mot *Doit* sous-entendu, cette abréviation peut subsister sans nul inconvénient parce qu'il est dans l'usage de faire précéder invariablement le Débit au Crédit dans un article. M. Monginot est le seul qui offre un article contraire ; qu'il s'en glorifie. Il y a bien encore quelqu'autre inexactitude qui n'est pas d'un bon exemple.

Le Journal-Partiteur est le véritable *Livre de Raison*, il satisfait à toutes les demandes, il concentre dans un même tableau tout ce que le Grand-Livre dissémine dans un nombre illimité d'États ou de tableaux.

Le mot *Divers* qui s'emploie dans le Journal et quelquefois dans les reports au Grand-Livre n'est qu'un mot d'avertissement pour prévenir qu'il y a plusieurs Comptes soit au Débit soit au Crédit ou dans tous les deux à la fois, c'est ce que nous nommons des articles composés. En général, les articles sont conçus en vue des Comptes ouverts ou à ouvrir au Grand-Livre.

Rien ne doit entrer dans le Magasin, dans la Caisse, dans le Portefeuille, ni encore moins en sortir sous risque de le perdre, qui ne soit préalablement inscrit au Débit ou au Crédit de qui de droit.

On appelle *Facture* la feuille isolée qui présente un état détaillé des qualités, quantités et prix respectifs des Marchandises livrées ou à livrer. Elle est extraite du Journal ou d'un Livre des Ventes, elle constate toutes les conditions de paiement, d'expédition, d'assurance, etc., etc. La Marchandise voyage aux périls et risques du Commettant, s'il n'y a convention contraire.

DE L'ÉLIMINATION

Il y a élimination du Compte personnel de l'Acheteur dans toute Vente au comptant immédiatement liquidée ; dans toute dépense, paiement ou rémunération quelconque ; dans tous articles d'échange ou mutation intérieure : *Caisse à Magasin*. Dans Charles à Frédéric pour son mandat à mon ordre sur Charles que j'envoie audit Charles en à-compte. Ici c'est le Compte Portefeuille qui est éliminé.

Le Compte d'un Fournisseur ne peut être éliminé sans de graves inconvénients. Lorsqu'on fait beaucoup d'Achats sur place au comptant ou à brève échéance on Crédite les Fournisseurs provisoirement au Livre d'Achats, puis à la fin de la décade, ou d'un mois, et après paiement intégral on passe le tout comme affaire au comptant. On peut encore ouvrir le Compte Collecteur : *Factures de Paris* qu'on Débite de tous les achats et que l'on Crédite de tous les paiements, on épargne ainsi l'ouverture d'une foule de petits comptes.

Anciennement on abusait de l'élimination qui doit simplifier et non compliquer, ni embrouiller les Écritures, c'était ce qui dégoûtait de la partie double qu'on appelait alors *partie trouble*. Néanmoins on peut en user avec mesure et en faire même la base d'un bon système.

DU GRAND-LIVRE (III)

Cinq opérations sont à faire au Grand-Livre : 1° Ouvrir les Comptes ; 2° y faire les Reports tant au Débit qu'au Crédit de chacun, extraits directement des Livres auxiliaires ou du Journal ; 3° en extraire les Excédants de Débit ou de Crédit trimestriels ou annuels ; 4° faire de ces Excédants la Balance générale ; 5° par le Pointage, s'il est reconnu nécessaire, collationner les Reports avec le Journal. Les Comptes ne s'ouvrent pas au hasard, mais avec discernement et toujours en vue de résultats ou de simples renseignements que chacun se propose d'en obtenir. Dans le Grand-Livre la préposition *à* précède tout report au Débit, au Crédit c'est la préposition *par*.

Le Grand-Livre, ainsi que nous l'avons dit plus haut, réunit les États d'Entrée et de Sortie aux États de Débit et de Crédit sous le titre général de *Comptes :* l'Entrée s'identifie avec le Débit et la Sortie avec le Crédit. Tout Compte est partagé en deux parties : le *Doit* et l'*Avoir ;* le Doit ou Débit est la récapitulation de tout ce que le Compte reçoit ; l'Avoir ou le Crédit est la récapitulation de tout ce qu'il fournit. Nous distinguons deux sortes de Comptes : les Comptes *spéciaux* qui sont permanents et stables et les Comptes *personnels* qui ne sont que temporaires et amortissables. La fonction des Comptes spéciaux dans la plupart des cas est de servir de contre-partie aux Comptes personnels. Tous les Comptes sont susceptibles d'autant de subdivisions urgentes qu'on en veut admettre, soit par de nouveaux Comptes à ouvrir, soit par des colonnes spéciales ; mais la subdivision par Comptes complique sensiblement les Écritures.

Un Compte général ne peut donner qu'un résultat général. Les Comptes spéciaux donnent autant de résultats qu'il y a de spécialités établies ou à établir.

Il y a cinq Comptes spéciaux, avec ou sans division, que nous nommons *essentiels* : Magasin, Caisse, Portefeuille, Engagements et Capital. Ces dénominations sont entièrement arbitraires ; les plus brèves sont assurément les meilleures, chacun est libre d'y substituer celles qu'il préfère, même des noms qui s'appliquent aux personnes, tels que : Magasinier, Caissier, Cambiste, Cédulier, Capitaliste. Nous nommons *accidentels* ceux qui se rattachent à quelques Valeurs mobilières ou immobilières : ustensiles, main-d'œuvre, machines, matériel de fabrique, usine, etc., soit en partie simple ou double.

L'opération du classement des Comptes spéciaux n'est pas plus difficile qu'il ne le serait de trier cinq espèces de fruits différents contenus dans une corbeille et de les séparer dans autant de paniers, chacun destiné ou aux oranges, ou aux citrons, ou aux coings, ou aux poires ou aux pommes. La corbeille représente le Journal et chaque panier représente un Compte spécial.

Le Capital admet au Débit tout ce qui cause *diminution* ou déchet : décompte, réfaction, retenue ; et au Crédit tout ce qui porte *augmentation :* profits, escomptes, acquêts, etc. Il n'est pas indispensable d'ouvrir le Compte *Capital* si l'on ouvre un Compte ou des Comptes personnels qui fassent le même office.

On ouvre aussi les Comptes collecteurs : Débiteurs divers, Créditeurs divers, pour les Correspondants auxquels on ne juge pas devoir ouvrir un Compte individuel. Enfin, pour dégager le Grand-Livre d'une foule de petits Comptes, on a un livre des Comptes-courants Débiteurs, sommaire et concentré autant que possible, où l'on admet les Acheteurs au détail et tous leurs paiements par à-comptes dont le Teneur de Livres passe écriture en bloc à la fin du mois ou des décades. Notre modèle de Grand-Livre dans sa simplicité peut servir pour les Comptes-courants en y ajoutant deux colonnes pour les dates et le folio du Journal.

Il faut se garder de donner aux Dépenses d'une même nature plusieurs classements.

Le Report est simple ou complexe s'il embrasse sommairement plusieurs comptes. On ne doit rigoureusement rien introduire dans les colonnes du Grand-Livre qui ne provienne des articles passés par équation entre le Débit et le Crédit dans le Journal, sans quoi l'équation est détruite.

On appelle *Soldé* tout Compte dont le Débit est exactement égal au Crédit uniquement en vertu des Reports.

On appelle *Balancé* tout Compte dont le Débit est rendu égal au Crédit par l'Excédant du Débit ajouté transitoirement au Crédit ou par l'Excédant du Crédit ajouté au Débit. C'est de ces Excédants que se forme la Balance générale et simultanément l'effectif ou la réouverture des Comptes.

Dans les Balances on procède toujours par addition, jamais par soustraction. M. Pigier est le seul qui ait enfreint cette règle.

Le Répertoire du Grand-Livre le plus commode et le plus simple dont on puisse faire usage se forme de quatre pages (supposez les pages de ce livre 2, 3, 4, 5, divisées par colonnes A, B, C, D, etc.) qui contiennent, dans l'ordre alphabétique, tous les Comptes suivis du folio respectif qui pour référence se transporte au Journal et le folio du Journal accompagne chaque Report de Débit ou de Crédit, référence qui n'est pas à négliger pour la commodité des recherches.

On nomme *Découvert* le montant de toutes sommes non encore échues du Débit d'un Compte-courant individuel et qui n'offrent pour toute garantie que la seule signature du Débiteur, ou autres signatures interlopes et par conséquent douteuses. On doit, afin de ne pas augmenter imprudemment les risques à chaque demande de Crédit, surveiller avec sollicitude que ce découvert ne dépasse jamais la limite du Crédit éventuel assigné à chacun.

Nous ne passerons pas sous silence l'usage que l'on fait des fiches mobiles pour la commodité de l'Agent chargé des Recettes. Ce sont des cartes consistantes extraites du Grand-Livre portant sommairement le Débit de chaque mois et les à-comptes, et qui se rangent en un tiroir à vingt-quatre compartiments. Elles servent avantageusement aussi au gérant pour donner des ordres et surveiller cette partie de l'administration.

DE L'INVENTAIRE (xi)

L'Inventaire est la récapitulation de l'Actif et du Passif pour connaître par leur différence si les affaires ont amené des bénéfices qui aient augmenté ou des pertes qui aient diminué le Capital engagé. L'Actif se compose : des meubles, des immeubles, des marchandises estimées à la juste valeur du jour comme si l'ou devait les racheter soi-même, de l'argent en Caisse, des effets en Portefeuille et de tous les Crédits réalisables. Le Passif se compose des Engagements ou Effets à payer restant en circulation et des dettes passives de tous genres. L'Excédant de l'Actif sur le Passif se nomme *Capital ;* l'Excédant du Passif sur l'Actif se nomme *Déficit.*

On n'arrêtera jamais les Écritures du Journal sans avoir préalablement fait subir aux diverses parties de l'Actif et du Passif toutes les réductions ou tous les accroissements dont ils sont susceptibles. Aussitôt que l'on aura procédé à l'Inventaire de toutes les marchandises invendues restant en magasin et que le prix en aura été fixé convenablement, au-dessous plutôt qu'au-dessus du cours, afin de ne pas se faire d'illusions chimériques, il sera facile d'obtenir de la manière suivante le bénéfice ou la perte sur les ventes, les frais de Commerce ayant été portés au Débit du Magasin :

1° Marchandises achetées...	95,000	2° Marchandises vendues ...	70,000
Et 4° Profit pour Balance ...	8,500	3° Effectif en magasin......	33,500
	103,500		103,500

N. B. Il est évident que s'il n'était resté que 23,500 fr. de Marchandises en Magasin les Ventes auraient occasionné de la Perte, dans ce dernier cas ou d'autres analogues on devrait rechercher si quelque désordre n'aurait pas causé cette perte.

Il n'y a de Bénéfice réel que celui qui n'est soumis à aucune espèce d'éventualité.

Il faut passer au Journal écriture du Bénéfice, suivant cet article :

Magasin à Capital........................ 8,500
Pour le Produit brut des Ventes de l'année   8,500

C'est ce qu'on peut appeler la clef de la voûte et ce qui clôt les Écritures par la Balance finale entre l'Actif et le passif.

Après avoir recueilli dans le Grand-Livre d'abord tous les Excédants Créditeurs puis tous les Excédants Débiteurs on passera pour dernier article de l'Exercice au Journal :

Excédants Créditeurs à Excédants Débiteurs :
Pour Balance transitoire de tous les Comptes respectifs.....   91,000

Nous regardons tous autres détails ici comme superflus ; mais il n'en est pas ainsi de la Contre-partie ou du Renouvellement de l'effectif des Comptes de l'Exercice suivant, qui exige au contraire tous les détails, Marchandises à part, tels qu'ils sont contenus dans l'Inventaire.

S'il y avait des Associés ou Intéressés le Bénéfice serait partagé sous le nom de Dividende et porté au Crédit de chacun. Si l'Inventaire était fait en vertu d'une Dissolution de Société ou par suite du décès de l'un des Associés,

le Capital serait de même partagé et l'on ouvrirait le Compte *Liquidation* pour le Débiter des Charges et Pertes ou le Créditer des Bénéfices résultant des Ventes.

Ce n'est pas seulement sous le rapport des Bénéfices qu'il faut considérer les Inventaires annuels, mais surtout pour s'assurer que l'on n'a pas pris d'Engagements qui puissent compromettre l'existence de l'Établissement.

Toutes les fois que sans faire Inventaire on veut obtenir une situation approximative il faut évaluer éventuellement le Bénéfice moyen à 12 ou 15 0/0, plus ou moins, et établir la proportion suivante :

Prix éventuel	Coût	Ventes effectuées			Coût	Bénéfice
112	: 100	:: 70,000	: x =	62,500	+	7,500
		Magasin pour l'excédant du Débit..		25,000		
		Marchandises par approximation ..		32,500	réelles	35,500

Le législateur, ayant reconnu qu'en matière de Commerce la circonspection est nécessaire, a fait du Livre des Inventaires un registre à part ; adoptant le même principe, nous conseillons aux personnes qui craignent de laisser leurs Écritures à la merci de malveillantes indiscrétions de confier à ce même livre : 1° le tableau des additions paginales et mensuelles du Journal-Partiteur, 2° d'y joindre à la fin d'un Exercice tout ce qui est compris sous le titre d'Inventaire, le Bénéfice ou la Perte, les Excédants Débiteurs et Créditeurs, enfin les détails de l'Inventaire ; le Compte capital serait clos par un renvoi au Livre des Inventaires.

DES CONTROLES ET RÉCOLEMENTS (v)

L'addition de la Copie et celle de l'Original étant conformes font un excellent Contrôle. Le Journal et le Grand-Livre se contrôlent mutuellement par les totaux ou par les Excédants qui doivent être égaux. (V)

En arithmétique la preuve suit la règle ; en comptabilité le contrôle fait le même office : il confirme que le Débit est égal au Crédit.

DU REDRESSEMENT DES ERREURS

En Comptabilité il y a deux sortes d'erreurs à craindre : les unes accidentelles et innocentes, les autres combinées et coupables. La moindre distraction en Comptabilité peut devenir préjudiciable. Il faut d'abord éviter toute erreur de calcul fondamental provenant de l'intérieur ou de l'extérieur ; n'admettre aucun chiffre douteux qui puisse fausser les additions ; se garder des transpositions ou inversions de chiffres, du double emploi, des omissions tant dans le Journal que dans le Grand-Livre, des fausses applications de Débit ou de Crédit soit dans les Colonnes spéciales, soit dans les Comptes. Comme la loi ne permet ni de raturer ni de rien annuler dans le livre authentique, on ne rectifie un article erroné que par sa contre-partie, dont le report détruit l'effet ; et l'on passe ensuite correctement un article tel qu'il aurait dû l'être d'abord. C'est de cette même manière qu'on fait un virement de Compte au Débit de l'un et au Crédit de l'autre. L'on fait un signe à toute contre-partie pour ne pas la comprendre dans les extraits de Comptes. Quelques-uns en font un Compte à part. Dans les Comptes spéciaux il n'y a aucun inconvénient à laisser subsister les contre-parties. Toute rature pèserait à votre charge en cas de contestation.

RÉOUVERTURE OU RENOUVELLEMENT

DE L'EFFECTIF DES COMPTES DÉBITEURS ET CRÉDITEURS

```
                    DIVERS à DIVERS............... 91,000
                          ACTIF.
Comptes personnels, Acheteurs (détails)  10,000
                    Banquiers    id.    . 8,000
Spéciaux : Magasin, d'après Inventaire.. 33,500
          Caisse,      id.       5,500
     (VII)  Portefeuille (détails)....... 24,000
                                        ─────────
                                          91,000
                                        ═════════
                                                        PASSIF.
                                    Comptes personnels, Fournisseurs.  20,000 (dét.)
                                         (VIII)  speciaux, Engagements..  15,000 (dét.)
                                              nouveau, Capital .......  56,000
                                                                      ─────────
                                                                        91,000
                                                                      ═════════
```

DES COPIES

La copie des lettres missives est prescrite par le Code ; l'on tient aussi copie des Comptes courants et d'intérêts, des Comptes de Ventes ou d'Achats pour compte d'autrui, des Comptes simulés ou de frais approximatifs. La plupart des affaires importantes se traitent par correspondance pour éviter les malentendus. Enfin il ne faut jamais négliger de tirer un reçu d'une somme versée :

les paroles s'envolent, les écrits restent. Les tribunaux admettent les preuves écrites de préférence aux preuves testimoniales. Le livre de la copie des traites et remises doit présenter assez d'éléments pour faire, en cas de perte d'un effet, les oppositions au paiement, et tous actes conservatoires ou pour délivrer des secondes ou troisièmes de change.

DE LA CORRESPONDANCE

Pour diriger ses spéculations, le Négociant entretient une copieuse correspondance ; il s'informe du cours des changes intérieur et extérieur, de l'abondance ou de l'exiguïté des récoltes indigènes et exotiques, du départ et du retour des navires qui en font l'importation ou l'exportation dans les divers ports et qui produisent la hausse ou la baisse des Marchandises. S'il éclate sur une place quelque grosse faillite, il tient note de ceux qui s'y trouvent compromis afin de ne pas se compromettre lui-même avec eux, car leur crédit en souffre quelque atteinte. Pour gérer les grandes affaires il ne faut pas de connaissances moins étendues que pour diriger le vaisseau de l'État. Rendre les capitaux productifs ; produire le plus, le mieux et le meilleur marché possible ; multiplier la circulation des produits et des échanges : c'est là l'objet du Commerce et son avantage.

Le Commerçant qui jouit d'un bon crédit et qui en use doit se considérer comme le Gérant attentif et intéressé de ceux qui lui accordent leur confiance. Le crédit ne s'impose pas, il vient trouver ceux qui s'en montrent dignes sans le solliciter. Dans les affaires de Bourse les petits spéculateurs sont toujours à la merci des grands. Les négociations à terme sont très-dangereuses, et comme elles rentrent dans la classe des jeux elles sont comme eux entachés d'immoralité. Les endossements officieux ont rarement une bonne fin. On doit surtout se garder de prêter sa signature, même contre rétribution, et laisser cela à ceux qui en font leur spécialité.

Prendre la plume, réfléchir et calculer sont d'excellents correctifs contre les écarts de l'imagination. L'insuccès est plus souvent causé par l'imprudence, l'impéritie, l'imprévoyance, la témérité ou l'inconduite que par l'infortune.

DES ÉCRITURES A PARTIE SIMPLE (iv)

Si l'on se sert des Livres auxiliaires et qu'on supprime les quatre colonnes spéciales de notre Journal-Partiteur, Magasin, Caisse, Portefeuille et Engagements, ainsi que les Comptes identiques dans le Grand-Livre, on pourra former une bonne Écriture à partie simple, alors le compte Capital prendra le nom du Commerçant et sera Débité de tout ce qui entrera et Crédité de tout ce qui sortira ainsi que des Pertes et Bénéfices.

Trois sortes de registres suffisent à la plupart des Commerçants :

1º Un Journal selon la loi ou exposé sommaire de toutes les mutations de Valeurs ;

2º Un Livre auxiliaire d'Entrée et Sortie de chaque espèce de Valeurs à colonnes spéciales ;

3º Un Livre des Comptes courants Débiteurs et Créditeurs extrait directement des Livres auxiliaires ou du Journal.

APPLICATION

Après la démonstration et les exemples, passons à l'application. Le Mémorial IV n'est autre que le développement du Journal et du Mémorial I et II. Au lieu d'un Fournisseur nous en avons cinq, au lieu d'un Acheteur nous en avons dix, au lieu d'un Banquier nous en avons deux, et au lieu d'une époque indéterminée nous avons réparti les affaires dans trois mois consécutifs : octobre, novembre et décembre. La formation, sur ces données, du Journal-Partiteur et du Grand-Livre sont deux exercices qu'il importe de faire pour s'assurer qu'on a profité de nos instructions et qu'on se sent capable de les mettre en pratique. Ce sera d'autant plus facile que les numéros 101 à 111 tracent la marche à suivre dans chaque article et finissent par donner le même résultat final. Il n'y a donc pas moyen de se tromper ; prenez d'abord le mois d'octobre, et quand il est fait prenez le mois de novembre de la même manière et enfin le mois de décembre.

Nous n'avons pas besoin de répéter que la Marchandise entre dans le Magasin et en sort ; l'Argent dans la Caisse ; les Billets dans le Portefeuille ; les Engagements sortent et rentrent contre espèces pour être acquittés ; enfin que le Capital augmente par les Profits et qu'il diminue par les décomptes, les réfactions de toute espèce, les frais de maison, de commerce et personnels. Voyez où est placé dans le Journal I chaque somme du Mémorial II.

Rappelez-vous ce que nous avons dit au sujet des erreurs, et marchez sans crainte de faillir par ignorance, ni par distraction.

La pratique d'abord, la théorie ensuite ; c'est la marche de la nature.

APPENDICE

NOUVEAU RÉGULATEUR (vi)

ou

MOYEN EFFICACE D'ACCÉLÉRER LES REPORTS, D'ASSURER LES BALANCES ET D'ÉPARGNER LE POINTAGE

Le temps que l'on perd nécessairement dans l'opération des reports peut être épargné en grande partie au moyen d'un Extrait ou des Livres auxiliaires directement ou du Journal, d'après le modèle n° VI que nous présentons et qui offre à l'œil toute facilité pour passer rapidement d'un article quelconque à un autre sans interruption, car étant sur une feuille détachée beaucoup plus maniable que le Journal il se transporte, se rapproche ou s'éloigne de la vue à volonté, et le pointage du report s'y fait aussi apparent qu'on le désire. Le folio de chaque page à transporter sera visiblement en tête du tableau.

Pour la promptitude et la commodité des recherches, chaque somme est précédée du folio du Grand-Livre et d'une lettre matriculaire qui, appliquée également au Journal et à chaque Compte du Grand-Livre, détermine la place précise qu'il occupe dans la page même, en supposant qu'il s'en trouve plusieurs. Cet Extrait sert en même temps de Contrôle, non-seulement article par article mais mois par mois.

Tous moyens sont bons qui aboutissent aux mêmes fins, mais les plus brefs seront toujours les meilleurs.

Si l'on veut détailler les Effets il faut les extraire du Livre auxiliaire.

La somme de chaque page se fait au bas de cette page même et, sur une ligne laissée au-dessous, on transporte celle de la page précédente, l'on en forme le total et ainsi de suite jusqu'à la fin de chaque mois ; tous les trois mois on fait l'addition du trimestre, puis enfin celle des quatre trimestres réunis.

Après avoir fait le report d'après l'Appendice, l'on fera le contrôle du Grand-Livre, si les sommes sont d'accord tout est fini ; dans le cas où elles ne le seraient point on s'aiderait du premier moyen dont on referait les additions partielles.

MÉTHODE ANALYTIQUE

Le gérant ayant annoncé un bénéfice de F. 6 000 prouve par la communication des causes l'effet connu, tel qu'il l'a annoncé

Entrée et Debit | **Crédit et Sortie**

I. JOURNAL-PARTITEUR

Journal-Partiteur	C. L.	Dates	N°
Portef., Caisse doit à Capital	3.2	Octob.	101
Magasin..........à Lambert	1		102
Bertrand..........à Magasin	6		103
Portef..Caisse...à Bertrand	3.2	Nov.	104
Lambert...à Caisse, Portef., Engag.	2.4		105
Robert..........à Portefeuille	3		106
Caisse..........à Robert	2		107
Engagements......à Caisse	2	Déc.	108
Caisse..........à Portefeuille	3		109
Capital (charges)...à Caisse	2		110
Magasin..........à Capital (profit)	1		111
425 000....Total général....425 000			
CRÉDITEURS....Excédants....DÉBITEURS			112
516 000..Balance transitoire..516 000			
Effectif des comptes à l'inventaire (XI)			

II. MÉMORIAL

101.	Versé en espèces, à titre de capital......	15 000
102.	— en lettres de change............	35 000
103.	Acheté à terme à Lambert...........	95 070
104.	Vendu à terme à Bertrand...........	70 000
	— en lettres de changes...........	10 000
105.	Payé à Lambert en espèces.........	50 000
	— en lettres de change...........	13 000
	— en mes engagements...........	32 000
106.	Négocié à Robert lettres de change....	30 000
107.	Reçu de Robert en espèces.........	28 000
108.	Acquitté mes Engagements échus......	20 000
109.	Encaissé du Portefeuille un billet échu..	15 000
110.	Acquitté diverses charges..........	1 000
111.	Bénéfice résultant des ventes.......	2 500 / 8 500
		625 000

1er EXEMPLE

RECETTE :

104. **Divers à Bertrand**............ F. 60 000

Caisse, reçu en espèces......... 10 000
Portefeuille, billets divers........ 50 000 / 60 000

Réfaction, décompte ou déchet... }
Marchandise rentrée............ }
Un de mes Engagements acquitté.. }
Capital, escompte retenu, Déchet.. }

Tels sont les comptes qui pourraient être débités.

(Journal ordinaire à partie double.)

2e EXEMPLE

PAIEMENT :

105. **Lambert à Divers**............ F. 75 000

À Caisse payé en espèces........ 13 000
À Portefeuille en lettres de change.. 32 000
À Engagements à son ordre....... 30 000

À Marchandises rendues.......... 75 000
À Capital, escompte retenu, Acquit.. ...

Tels sont les comptes qui pourraient être crédités.

(Journal ordinaire à partie double.)

III. GRAND-LIVRE (1)

(o) 1. MAGASIN.

Doit.		Avoir.	
A Lambert 35000	105	Par Bertrand .. 70000	103
A Cap. bénéfice 8500	102, 111.		
(2)	103500	Excéd. du débit 33500	103500
A Inventaire... 35500			

(v) 2. CAISSE.

Doit		Avoir.	
A Capital..... 15000		Par Lambert .. 12000	
A Bertrand.... 40000		Par Engagem... 15000	
A Robert 20000		Par Capit. frais. 2500	
A Portefeuille .. 1000			30500
101, 104, 107, 409.	46000	101, 403, 110.	
A Inventaire... 15500		Excéd. du débit 15500	46000

(x) 3. PORTEFEUILLE.

Doit.		Avoir.	
A Capital..... 35000		Par Lambert .. 32000	
A Bertrand.... 50000		Par Robert.... 28000	
401, 404.	85000	Par Caisse 1000	
A Inventaire... 25000		405, 406, 409.	
		Excéd. du débit 24000	85000

(y) 4. ENGAGEMENTS.

Doit.		Avoir.	
A Caisse...... 15000		Par Lambert.. 30000	
408.	30000	105.	
Excéd. du crédit 15000	30000		
		Par Inventaire 15000	

(z) 5. CAPITAL.

Doit.		Avoir.	
A Caisse (1)... 25000		Par Caisse (1) 15000	
440.		Par Portefeuille 35000	
	58500	Par Magasin 8500	
Excéd. du crédit 58500		409, 111.	
			58500
		Par Inventaire 58500	

(b) 6. BERTRAND.

Doit.		Avoir.	
A Magasin..... 70000		Par Caisse.... 40000	
103.		Par Portefeuille 30000	
	79000	401.	
A Inventaire... 1000		Excéd. du débit 8000	78000

(u) 7. ROBERT.

Doit.		Avoir.	
A Portefeuille.. 28000		Par Caisse..... 20000	
406.		107.	
	28000		
A Inventaire... 8000		Excéd. du débit 8000	28000

(t) 8. LAMBERT.

Doit.		Avoir.	
A Caisse...... 12000		Par Magasin .. 35000	
A Portefeuille.. 32000		Par Portefeuille 32000	
A Engagements 30000		102.	
	74000		
105.			93000
Excéd. du crédit 20000	95000	Par Inventaire. 20000	

(1) Ces comptes du Grand-Livre tels quels peuvent servir de modèle aux Comptes courant, sauf ce qui suit :
Deux colonnes sont réservées pour les dates et pour les numéros de rencontre, tant au Débit qu'au Crédit.
(2) Ici l'on voit distinctement les valeurs Entrées et Sorties et le Débit et Crédit de chaque individu ; aucune somme ne figure au Débit d'un compte qui ne se retrouve au Crédit d'un autre compte, isolée ou unie à d'autres complètement.

(1) Frais de toute nature : réfactions et décomptes.

(1) Profits de toute nature : retenue d'escomptes et décomptes.

MÉTHODE SYNTHÉTIQUE

Par la connaissance des causes trouver l'effet inconnu ?

Le Capitaliste, non entièrement satisfait du Compte sommaire a demandé les détails ; c'est le problème que nous proposons ici de résoudre.

IV. MÉMORIAL ou JOURNAL
A PARTIE SIMPLE

OCTOBRE		Octob.	Novem.	Décem.	OCTOBRE		Octob.	Novem.	Décem.
					Reports.....		160 500	75 550	38 550
101.————Avoir.					105.————Doit.				
Par Capital........ 50 000					Michel.				
	Espèces...	15 000	»	»		Espèces.....	1 600	1 800	700
(1) Billets.....		35 000	»	»	34. 18. 3. 7.	Billets.......	2 900	1 600	1 500
102.————Avoir.					50. 41. (3)	Engagements.	1 400	»	500
Par Lambert.. sa facture..		8 500	6 500	5 000	Ovide.				
Par Michel (2).....dito....		9 500	5 500	5 500		Espèces.....	500	1 000	500
Par Noël.........dito....		10 500	4 500	4 000	20. 6. 5.	Billets.......	3 000	1 900	1 100
Par Ovide ....dito....		11 500	3 500	6 500	54.45.44.38.	Engagements.	3 000	600	2 400
Par Paul.........dito....		10 000	5 000	1 500	Lambert.				
103.————Doit.						Espèces.....	400	600	»
Alphonse......ma facture.		3 000	3 000	1 500	22. 9. 8.	Billets.......	2 500	2 000	1 900
Bertrand ....dito....		2 000	4 000	1 000	52. 45.	Engagements.	5 200	»	1 800
Charles..........dito....		1 500	4 500	500	Paul.				
Denis.............dito....		4 000	2 000	700		Espèces.....	1 500	»	»
Etienne..........dito....		3 500	2 500	1 800	36. 35. 4.	Billets.......	4 000	»	1 500
Frédéric ....dito....		2 500	2 500	1 250	53. 46. 47.	Engagements.	4 500	»	3 500
George...........dito....		1 900	4 400	1 300	Noël.				
Hector...........dito....		3 800	1 500	900		Espèces.....	500	1 400	2 500
Ildevert..........dito....		3 550	3 450	1 250	32. 11. 2.	Billets.......	3 000	2 500	2 500
Joachim..........dito....		4 500	1 500	850	54. 49.	Engagements.	»	3 500	3 600
104.————Avoir.					106.————Doit.				
Par Bertrand.					Robert.				
	Espèces....	600	»	400	29. 17. 1. 28.	Billets......	6 000	5 000	4 000
13. 26.	Billets.....	1 400	3 500	»	Quentin.				
Par Alphonse.					16. 14. 12. 10. 25.	Billets...	5 000	4 500	3 500
	Espèces....	»	500	500	107.————Avoir.				
14. 27. 36.	Billets.....	3 000	2 000	500	Par Robert.				
Par Denis.						Espèces.....	5 500	4 500	2 000
	Espèces....	700	1 000	»	Par Quentin.				
15. 28. 37.	Billets.....	3 300	700	1 000		Espèces.....	3 800	1 000	3 200
Par Charles.					108.————Rentrée.				
	Espèces....	500	»	500	41. 45. {	6 000			
16. 29.	Billets.....	1 000	4 000	»	Engagements..... {				
Par Etienne.					44. 47. {	5 000			
	Espèces....	300	»	»	46. 49. {	4 000			
17. 30.	Billets.....	3 200	1 800	»	Sortie.				
Par George.					Par espèces.............		6 000	5 000	4 000
	Espèces....	500	»	500	109.————Entrée.				
18. 19. 31. 38.	Billets.....	1 400	2 000	1 300	Espèces 4 000				
Par Ildevert.					Sortie.				
	Espèces. ...	300	500	500	Par Billets port......		»	»	1 000
20. 32. 39.	Billets.....	3 250	1 000	1 250	110.————Doit.				
Par Frédéric.					Capital.				
	Espèces....	400	»	600	Frais : Espèces...		1 000	800	700
21. 22. 33. 40.	Billets.....	2 100	2 500	500	111.————Avoir.				
Par Joachim.					Par Capital.				
	Espèces....	600	400	»	Bénéfice des ventes...		»	»	8 500
23. 24. 34.	Billets.....	3 900	1 400	»					
Par Hector.									
	Espèces....	»	500	500	Totaux.....		221 800	113 750	89 450
25. 35.	Billets.....	3 800	700	»					
A reporter.....		160 500	75 550	38 550					

Octobre................ 221 800
Novembre 113 750
Décembre............... 89 450

Total général... 425 000

De ce Mémorial former le Journal-Partiteur, d'abord des affaires d'octobre, puis successivement de celles de novembre et enfin de décembre ; faire les reports tant du Débit que du Crédit au Grand-Livre.
101, du Livre des Charges et Profits ; 102, du Livre des Achats ; 103, du Livre des Ventes ; 104, du Livre de Caisse et des Billets ; 105, du Livre des Engagements.
On ne pouvait, certes, dans un moindre espace, offrir un exercice pratique plus important que celui-ci.

(1) Les marchandises seront détaillées au Livre d'Achats ou dans le Journal, sinon dans la facture originale conservée.
(2) Les billets et lettres de change seront détaillés avec l'échéance et les sommes du n. 1 à 40.
(3) Les engagements par billets et lettres de change seront également détaillés du n, 41 à 54.

Nouveau Régulateur

VII. *Extrait*
de l'Inventaire

V. *Extrait*
du Grand-Livre

VI. *Extrait du Journal*
OU DES LIVRES AUXILIAIRES

=== fo 12 ===

3ᵉ moyen

EFFETS EN PORTEFEUILLE
A RECEVOIR

	Doit	Avoir
		Octobre
fᵒⁿ 1 u	50 000	30 250
2 v	28 200	11 500
3 x	61 350	26 400
4 y	6 000	14 100
5 z	4 000	3 000
à rep.	146 550	132 250
6 a	3 000	3 000
7 b	2 000	2 000
8 c	1 500	1 500
9 d	4 000	4 000
10 e	3 500	3 500
11 f	2 500	2 500
12 g	1 900	1 900
13 h	3 800	3 800
14 i	3 550	3 550
15 j	4 500	4 500
16 k	»	»
17 l	8 100	8 500
18 m	5 900	9 500
19 n	3 500	10 500
20 o	6 500	11 500
21 p	10 000	10 000
22 q	5 000	3 800
23 r	6 000	5 500
24 s	»	»
25 t	»	»
	75 250	89 550
Rep.	146 550	132 250
	221 800	221 800

Le folio et la lettre matriculaires indiquent la
place du compte au Grand-Livre irrévocablement.
(1) Ces numéros du Journal ne sont nullement
indispensables, les dates suffisent.

VI. Extrait du Journal

(Le Crédit des Débiteurs et le Débit des Créditeurs se détaillent autant que possible au Grand-Livre, en deux ou plusieurs lignes.)

Doit	Lettres	Numéros	Lettres	Dates Octobre	Lettres	Numéros	Lettres	Avoir
45 000	v	2		101.(1)		5	z	50 000
25 000	x	3						
50 000	u	1		102. 5	17	l		8 500
»					18	m		9 500
»					19	n		10 500
»					20	o		11 500
»					21	p		10 000
3 000	a	6		7			»	»
2 000	b	7					»	»
1 500	c	8					»	»
4 000	d	9		103.			»	»
3 500	e	10					»	»
2 500	f	11		8			»	»
1 900	g	12					»	»
3 800	h	13					»	»
3 550	i	14					»	»
4 500	j	15				1	u	30 250
3 900	v	2		9	v	7 à h		600
26 350	x	3			x			1 400
»					x	6 a		3 000
»					v	9 d		700
»				11	x	8 c		3 300
»					x			500
»					v	10 e		1 000
»					x			300
»					v	12 g		3 200
»					x			50
»					v	14 i		1 400
»				12	x			200
»					x	11 f		3 850
»					x			400
»					v	15 j		2 100
»					x			600
»					x			3 900
»					x	13 h		3 800
1 600	m 18 à v			13	2	v		
2 900	x				3	x		
1 400	y				4	y		3 900
500	o 21	x			2	x		
3 000					5	x		
3 000					4	y		6 500
400	i 17	y		15	3	y		
2 500		x			4	y		8 400
5 200		y			2	x		
1 500	p 21	x			3	x		
4 000		y			4	y		10 000
4 500	n 19	x			2	x		
500		x			3	x		3 500
3 000								
3 000	q 22			16	3	x		4 000
6 000	r 23							
9 300	v 2			22	23	r		5 500
					22	q		3 800
6 000	y 4			27	2	v		6 000
1 000	z 5			31	2	v		1 000
221 800								221 800

(numéros de dates: 104., 105., 106., 107., 108., 110.)

VII. Extrait de l'Inventaire

EFFETS EN PORTEFEUILLE
A RECEVOIR

13	1 400	Paris .... 5 janv.
15	3 300	— 10 —
18	600	— 15 —
20	3 250	Lyon ....15 —
22	1 000	— 31 —
24	2 000	Rouen ... 5 fév.
25	3 800	Paris ....15 —
27	2 000	— 28 —
31	2 000	— 5 mars.
34	1 000	Bordeaux 10 —
35	800	Paris ....15 —
38	1 300	— 31 —
39	1 250	Marseille 31 —
40	300	Paris ....31 —
	24 000	

VIII.

EFFETS A PAYER
OU ENGAGEMENTS

42	600	Paris .... 5 janv.
43	2 000	— 10 —
48	600	— 15 —
50	500	— 15 —
51	2 400	— 20 —
52	1 800	— 20 —
53	3 500	— 25 —
54	3 600	— 31 —
	15 000	

1er moyen   *Extrait du Journal*   *Inventaire final*

IX. Débits BALANCE MENSUELLE **Crédits**   **XI.**   31 DÉCEMBRE

Spéciaux	Personn.	Octob.	Personn.	Spéciaux
50 000	»	101	»	50 000
50 000	»	102	50 000	»
»	30 250	103	»	30 250
30 250	»	104	30 250	»
»	34 000	105	»	34 000
»	11 000	106	»	11 000
9 300	»	107	9 300	»
6 000	»	108	»	6 000
»	»	109	»	»
4 000	»	110	»	4 000
»	»	111	»	»
146 550	75 250		89 550	132 250
75 250	118 550		132 250	89 550
221 800	221 800		321 800	221 800

COMPTES	Actif	Passif
Magasin.............	33 500	»
Caisse.................	15 500	»
Portefeuille	24 000	»
Acheteurs.............	10 000	»
Banquiers.............	8 000	»
Fournisseurs.............	»	20 000
Engagements.............	»	15 000
Capital	»	36 000
	91 000	91 000

2e moyen   *Extrait du Grand-Livre*

BALANCE PAR LES COMPTES SPÉCIAUX

X.	DOIT	CRÉDIT DES COMPTES		OCTOBRE	DÉBIT DES COMPTES		AVOIR
		personnels	spéciaux		spéciaux	personnels	
1. A Magasin.........102.	50 000	50 000	»	Par Magasin.........102.	»	30 250	30 250
2. A Caisse.. 101.104.105.	28 200	13 200	15 000	Par Caisse....105.108.109.	7 000	4 500	11 500
3. A Portefeuille..104.104.	61 350	26 350	35 000	Par Portefeuille.. 105.106.	»	26 400	26 400
4. A Engagements....108.	6 000	»	6 000	Par Engagements.....105.	»	14 100	14 100
5. A Capital.........110	4 000	»	4 000	Par Capital.........101.	50 000	»	50 000
			57 000	......Balance absolue	57 000		
				116 550 132 250			
				89 550 75 250			
				57 000 57 000			
V.		89 550	Crédit	....Comptes personnels...	Débit	75 250	132 250
	146 550	57 000		..... Apports mutuels		57 000	»
	75 250	75 250	Débités	........Personnels.......	Crédités	89 750	89 550
Total mensuel......	221 800	221 800		.....Balance combinée.....		221 800	221 800

Sans la théorie l'on pourrait ne voir ici que quatre sommes inégales et qui paraissent n'avoir entre elles aucune connexion ; mais qui, en les unissant, forment des équations parfaites.

Servez-vous du moyen le plus expéditif et qui répond le mieux à vos désirs :

Les numéros IV, V, VI, IX et X présentent tous des sommes égales en vertu du principe fondamental : Point de Débiteur sans un égal Créditeur.

- - - - -

MARQUES DE COMMERCE :

Ordre progressif : S u r v e i ll a n c
1. 2. 3. 4. 5. 6. 7. 8. 9. 0.

Initiales : u d t q c x s h n z

DE L'ARITHMÉTIQUE

Toute personne qui se destine à l'honorable profession de Teneur de Livres doit se rendre capable de résoudre le problème suivant qui repose sur la théorie des fractions et sur celle des proportions géométriques ou règle de trois composée.

Nous présentons les quatre solutions possibles :

Supposez que 3 francs valent 32 deniers sterlings d'Angleterre, que 240 deniers sterlings valent 408 deniers de gros de Hollande, que 50 deniers de gros valent 190 maravédis d'Espagne, on demande alors combien 90 francs font de maravédis ?

1° Solution par la règle de trois simple :

$$3 \ : \ 32 \ :: \ 90 \ : \ x = 960 \text{ deniers sterling.}$$
$$240 \ : \ 408 \ :: \ 960 \ : \ x = 1,632 \text{ deniers de gros.}$$
$$50 \ : \ 190 \ :: \ 1,632 \ : \ x = 6,201 \ 3/5 \text{ maravédis.}$$

2° Solution par la règle de trois composée dite règle conjointe :

$$\text{Francs} \qquad 3 \ : \ 32 \text{ deniers sterlings}$$
$$\text{Deniers sterlings} \ 240 \ : \ 408 \text{ deniers de gros}$$
$$\text{Deniers de gros} \qquad 50 \ : \ 190 \text{ maravédis}$$
$$:: \ 90 \text{ francs} \ : \ x = 6,201 \ 3/5.$$

Après avoir opéré sur les antécédents et sur les conséquents toutes les réductions possibles, alors on multiplie les conséquents l'un par l'autre et l'on divise leur produit par celui des antécédents.

3° Solution par la règle de la chaîne qui se pose diversement et se résout de la même manière :

$$\text{Maravédis} \qquad x \quad 90 \text{ francs}$$
$$\text{Francs} \qquad 3 \quad 32 \text{ deniers sterlings}$$
$$\text{Deniers sterlings} \ 240 \quad 408 \text{ deniers de gros}$$
$$\text{Deniers de gros} \qquad 50 \quad 190 \text{ maravédis} \qquad x = 6,201 \ 3/5.$$

4° Solution par les fractions. On opère sur les numérateurs et les dénominateurs comme sur les antécédents et les conséquents, par voie de réduction :

Prendre les $\frac{32}{3}$ des $\frac{408}{240}$ des $\frac{190}{50}$, ce qui donnera $\frac{32}{3} \times \frac{408}{240} \times \frac{190}{50}$ pour le rapport du franc au maravédis, qu'on multipliera par 90 francs ; après réduction faite il restera $x = \frac{4 \times 408 \times 10}{5} = 6,201 \ 3/5$ maravédis pour 90 francs.

RÈGLE DE SOCIÉTÉ

Chacun donne la sienne, voici la nôtre :

Trois entrepreneurs forment une société pour la construction d'un édifice et s'engagent toutes les fois qu'un appel de fonds sera nécessaire, le premier de verser 40 c. par franc, le second 35 c. et le troisième 25 c. Les bénéfices seront partagés dans les mêmes proportions. Il fallut à trois époques différentes faire trois versements, le premier de 80,000 fr., le second 50,000 fr. et le troisième 20,000 fr. Combien chacun a-t-il fourni pour sa part? Après le remboursement du capital il est resté un bénéfice net à partager de 65,470 fr. Combien chacun a-t-il eu pour sa part?

Il n'y a qu'à multiplier chaque somme à verser par la quote-part de chacun et faire de même pour le bénéfice.

On trouvera que le 1ᵉʳ a versé en tout 60000 La part de bénéfice $65470 \times 0,40 = 26188$
    id.   le 2ᵉ   id.   52500   id. $65470 \times 0,35 = 22914,50$
    id.   le 3ᵉ   id.   37500   id. $65470 \times 0,25 = 16367,50$
                            150000   65470

La fraction ordinaire $\dfrac{8}{20} + \dfrac{7}{20} + \dfrac{5}{20} = \dfrac{20}{20}$ donnerait les mêmes résultats.

ECHELLE DES INTÉRÊTS PAR AN ET PAR MOIS

NOMBRE DE JOURS PRODUISANT LA RENTE D'UN FRANC

ET DIVISEURS FIXES POUR LES CALCULS

TAUX		RENTE	1er DIVISEUR	FIXATION équivalente	INTÉRÊTS	2e DIVISEUR	TAUX	
par an	par mois						par an	par mois
		jours						
3	6/24	120	12 000	1/12	3	400	3 1/4	13/48
3 1/2	7/24			7/72	3 1/2	343	3 3/4	15/48
4	8/24	90	9 000	1/9	4	300	4 1/4	17/48
4 1/2	9/24	80	8 000	1/8	4 1/2	267	4 3/4	19/48
5	10/24	72	7 200	5/36	5	240	5 1/4	21/48
5 1/2	11/24			11/72	5 1/2	218	5 3/4	23/48
6	12/24	60	6 000	1/6	6	200	6 1/4	25/48
6 1/2	13/24			13/72	6 1/2	192	6 3/4	27/48
7	14/24			7/36	7	184	7 1/4	29/48
7 1/2	15/24	48	4 800	5/24	7 1/2	160	7 3/4	31/48

EXEMPLES

Premier diviseur.

Pour 145 jours à 3 0/0 sur fr. 8640 × 145 = $\frac{1252800}{12000}$ = fr. 104,40

Ou par la fraction équivalent 1/12 sur 1252,800 = 104,40

Deuxième diviseur.

Pour 145 jours à 3 0/0 ou 4 mois 25 jours sur fr. 8640 × 4 mois 5/6 = $\frac{41760}{400}$ = 104,40

Ou par la fraction équivalent 6/24 ou 1/4 $\frac{417,60}{7}$ = fr. 104,40

TROYES. — IMPRIMERIE BRUNARD, RUE URBAIN IV, 85.